MATH ADVENTURES:

DIVISION WORKBOOKS

MULTIPLICATION TABLES

ONE

1 X 1 = 1

2 X 1 = 2

3 X 1 = 3

4 X 1 = 4

5 X 1 = 5

6 X 1 = 6

7 X 1 = 7

8 X 1 = 8

9 X 1 = 9

10 X 1 = 10

MULTIPLICATION TABLES

TWO

1 X 2 = 2

2 X 2 = 4

3 X 2 = 6

4 X 2 = 8

5 X 2 = 10

6 X 2 = 12

7 X 2 = 14

8 X 2 = 16

9 X 2 = 18

10 X 2 = 20

MULTIPLICATION TABLES

THREE

$$1 \times 3 = 3$$
$$2 \times 3 = 6$$
$$3 \times 3 = 9$$
$$4 \times 3 = 12$$
$$5 \times 3 = 15$$
$$6 \times 3 = 18$$
$$7 \times 3 = 21$$
$$8 \times 3 = 24$$
$$9 \times 3 = 27$$
$$10 \times 3 = 30$$

MULTIPLICATION TABLES

FOUR

1 X 4 = 4

2 X 4 = 8

3 X 4 = 12

4 X 4 = 16

5 X 4 = 20

6 X 4 = 24

7 X 4 = 28

8 X 4 = 32

9 X 4 = 36

10 X 4 = 40

MULTIPLICATION TABLES

FIVE

1 X 5 = 5

2 X 5 = 10

3 X 5 = 15

4 X 5 = 20

5 X 5 = 25

6 X 5 = 30

7 X 5 = 35

8 X 5 = 40

9 X 5 = 45

10 X 5 = 50

MULTIPLICATION TABLES

SIX

1 X 6 = 6

2 X 6 = 12

3 X 6 = 18

4 X 6 = 24

5 X 6 = 30

6 X 6 = 36

7 X 6 = 42

8 X 6 = 48

9 X 6 = 54

10 X 6 = 60

MULTIPLICATION TABLES

SEVEN

1 X 7 = 7

2 X 7 = 14

3 X 7 = 21

4 X 7 = 28

5 X 7 = 35

6 X 7 = 42

7 X 7 = 49

8 X 7 = 56

9 X 7 = 63

10 X 7 = 70

MULTIPLICATION TABLES

EIGHT

1 X 8 = 8

2 X 8 = 16

3 X 8 = 24

4 X 8 = 32

5 X 8 = 40

6 X 8 = 48

7 X 8 = 56

8 X 8 = 64

9 X 8 = 72

10 X 8 = 80

MULTIPLICATION TABLES

NINE

1 X 9 = 9

2 X 9 = 18

3 X 9 = 27

4 X 9 = 36

5 X 9 = 45

6 X 9 = 54

7 X 9 = 63

8 X 9 = 72

9 X 9 = 81

10 X 9 = 90

MULTIPLICATION TABLES

TEN

1 X 10 = 10

2 X 10 = 20

3 X 10 = 30

4 X 10 = 40

5 X 10 = 50

6 X 10 = 60

7 X 10 = 70

8 X 10 = 80

9 X 10 = 90

10 X 10 = 100

MULTIPLICATION TABLES

ELEVEN

$$1 \times 11 = 11$$
$$2 \times 11 = 22$$
$$3 \times 11 = 33$$
$$4 \times 11 = 44$$
$$5 \times 11 = 55$$
$$6 \times 11 = 66$$
$$7 \times 11 = 77$$
$$8 \times 11 = 88$$
$$9 \times 11 = 99$$
$$10 \times 11 = 110$$

MULTIPLICATION TABLES

TWELVE

1 X 12 = 12

2 X 12 = 24

3 X 12 = 36

4 X 12 = 48

5 X 12 = 60

6 X 12 = 72

7 X 12 = 84

8 X 12 = 96

9 X 12 = 108

10 X 12 = 120

DIVISION ACTIVITY 1

25 ÷ 5 =

20 ÷ 4 =

90 ÷ 6 =

81 ÷ 9 =

4 ÷ 2 =

6 ÷ 1 =

7 ÷ 7 =

72 ÷ 9 =

12 ÷ 3 =

100 ÷ 10 =

DIVISION ACTIVITY 2

12 ÷ 3 =

35 ÷ 7 =

48 ÷ 6 =

21 ÷ 7 =

24 ÷ 2 =

15 ÷ 5 =

49 ÷ 7 =

56 ÷ 7 =

32 ÷ 4 =

48 ÷ 12 =

DIVISION ACTIVITY 3

54 ÷ 9 =

36 ÷ 6 =

90 ÷ 10 =

20 ÷ 2 =

81 ÷ 9 =

33 ÷ 11 =

42 ÷ 7 =

120 ÷ 12 =

45 ÷ 9 =

22 ÷ 2 =

DIVISION ACTIVITY 4

33 ÷ 11 =

66 ÷ 11 =

24 ÷ 6 =

32 ÷ 4 =

110 ÷ 10 =

72 ÷ 8 =

54 ÷ 6 =

50 ÷ 10 =

80 ÷ 8 =

45 ÷ 9 =

DIVISION ACTIVITY 5

48 ÷ 4 =

66 ÷ 11 =

120 ÷ 12 =

42 ÷ 6 =

30 ÷ 3 =

55 ÷ 11 =

48 ÷ 12 =

60 ÷ 5 =

144 ÷ 12 =

121 ÷ 11 =

DIVISION ACTIVITY 6

6 ÷ 2 =

66 ÷ 11 =

120 ÷ 12 =

42 ÷ 6 =

33 ÷ 11 =

50 ÷ 5 =

36 ÷ 6 =

21 ÷ 3 =

66 ÷ 6 =

90 ÷ 10 =

DIVISION ACTIVITY 7

4 ÷ 2 =

6 ÷ 6 =

30 ÷ 10 =

8 ÷ 4 =

27 ÷ 3 =

44 ÷ 4 =

9 ÷ 3 =

18 ÷ 3 =

24 ÷ 6 =

70 ÷ 10 =

DIVISION ACTIVITY 8

33 ÷ 11 =

48 ÷ 6 =

72 ÷ 9 =

56 ÷ 8 =

90 ÷ 10 =

55 ÷ 5 =

24 ÷ 12 =

72 ÷ 8 =

81 ÷ 9 =

110 ÷ 10 =

DIVISION ACTIVITY 9

$$4 \div 1 = \boxed{}$$

$$12 \div 3 = \boxed{}$$

$$27 \div 9 = \boxed{}$$

$$42 \div 12 = \boxed{}$$

$$80 \div 10 = \boxed{}$$

$$24 \div 4 = \boxed{}$$

$$66 \div 11 = \boxed{}$$

$$81 \div 9 = \boxed{}$$

$$36 \div 3 = \boxed{}$$

$$9 \div 3 = \boxed{}$$

DIVISION ACTIVITY 10

4 ÷ 1 =

12 ÷ 3 =

27 ÷ 9 =

42 ÷ 12 =

80 ÷ 10 =

24 ÷ 4 =

66 ÷ 11 =

81 ÷ 9 =

36 ÷ 3 =

9 ÷ 3 =

DIVISION ACTIVITY 11

55 ÷ 5 =

72 ÷ 8 =

90 ÷ 9 =

42 ÷ 3 =

44 ÷ 4 =

21 ÷ 3 =

44 ÷ 11 =

132 ÷ 11 =

64 ÷ 8 =

45 ÷ 9 =

DIVISION ACTIVITY 12

22 ÷ 2 =

30 ÷ 3 =

6 ÷ 2 =

25 ÷ 5 =

21 ÷ 7 =

48 ÷ 6 =

32 ÷ 8 =

100 ÷ 10 =

4 ÷ 2 =

30 ÷ 5 =

DIVISION ACTIVITY 13

$22 \div 2 =$

$45 \div 5 =$

$80 \div 8 =$

$56 \div 7 =$

$32 \div 8 =$

$40 \div 10 =$

$49 \div 9 =$

$64 \div 8 =$

$32 \div 8 =$

$24 \div 3 =$

DIVISION ACTIVITY 14

$$10 \div 5 =$$

$$50 \div 10 =$$

$$32 \div 8 =$$

$$64 \div 8 =$$

$$144 \div 12 =$$

$$132 \div 11 =$$

$$9 \div 3 =$$

$$55 \div 5 =$$

$$30 \div 3 =$$

$$21 \div 3 =$$

DIVISION ACTIVITY 15

81 ÷ 8 =

44 ÷ 4 =

32 ÷ 8 =

54 ÷ 6 =

56 ÷ 7 =

120 ÷ 10 =

49 ÷ 7 =

45 ÷ 5 =

72 ÷ 8 =

90 ÷ 9 =

DIVISION ACTIVITY 16

32 ÷ 8 =

21 ÷ 3 =

12 ÷ 4 =

16 ÷ 4 =

36 ÷ 6 =

130 ÷ 10 =

50 ÷ 5 =

90 ÷ 9 =

50 ÷ 5 =

20 ÷ 4 =

DIVISION ACTIVITY 17

21 ÷ 3 =

24 ÷ 3 =

36 ÷ 4 =

45 ÷ 5 =

56 ÷ 7 =

120 ÷ 10 =

60 ÷ 5 =

42 ÷ 6 =

90 ÷ 9 =

45 ÷ 5 =

DIVISION ACTIVITY 18

30 ÷ 5 =

45 ÷ 5 =

72 ÷ 8 =

55 ÷ 11 =

42 ÷ 7 =

70 ÷ 10 =

50 ÷ 5 =

27 ÷ 3 =

80 ÷ 8 =

22 ÷ 2 =

DIVISION ACTIVITY 19

14 ÷ 2 =

18 ÷ 2 =

20 ÷ 4 =

45 ÷ 9 =

56 ÷ 7 =

14 ÷ 7 =

24 ÷ 3 =

90 ÷ 10 =

50 ÷ 5 =

27 ÷ 3 =

DIVISION ACTIVITY 20

$$55 \div 5 = \boxed{}$$

$$121 \div 11 = \boxed{}$$

$$24 \div 4 = \boxed{}$$

$$72 \div 9 = \boxed{}$$

$$45 \div 5 = \boxed{}$$

$$32 \div 4 = \boxed{}$$

$$81 \div 9 = \boxed{}$$

$$66 \div 11 = \boxed{}$$

$$81 \div 9 = \boxed{}$$

$$33 \div 3 = \boxed{}$$

The End